AF570851

Dr. Martina Mittendorf

Compliance in mittelständischen Unternehmen

Ausgewählte Ergebnisse einer empirischen Untersuchung zu möglichen Ablehnungsgründen eines Compliance-Management-Systems

WORKING PAPER

(2020)

Bibliografische Information der Deutschen Nationalbibliothek

Die Deutsche Nationalbibliothek verzeichnet diese Publikation in der Deutschen Nationalbibliografie; detaillierte bibliographische Daten sind im Internet über http://dnb.d-nb.de abrufbar.

1. Aufl. - Göttingen: Cuvillier, 2020

Nonnenstieg 8, 37075 Göttingen

Telefon: 0551-54724-0

Telefax: 0551-54724-21

www.cuvillier.de

1. Auflage, 2020

Gedruckt auf umweltfreundlichem, säurefreiem Papier aus nachhaltiger Forstwirtschaft.

ISBN 978-3-7369-7191-2

eISBN 978-3-7369-6191-3

Inhalt

Zusammenfassung:

Das Thema Compliance hat in den vergangenen Jahren zunehmende Relevanz gewonnen und ist für große Unternehmen unverzichtbar. Allerdings stellt sich die Frage, wie mittelständische Unternehmen mit dem veränderten Anspruch an Regelkonformität umgehen. Insbesondere der Kosten-Nutzen-Aspekt der Implementierung eines Compliance-Management-Systems und die Interpretationen in der Praxis der Unternehmen hinsichtlich der Compliance-Thematik sind aufschlussreich zur Beantwortung der Frage, warum in mittelständischen Unternehmen Skepsis bzw. Ablehnung hinsichtlich der Implementierung von Compliance-Management-Systemen zu überwiegen scheint.

1 Forschungsstand

Ein Geschäftsleiter hat über seine eigene Rechtstreue hinausgehend in sämtlichen Unternehmensebenen für regelgetreues Verhalten zu sorgen und damit geeignete organisatorische Maßnahmen u. a. zur Risikokontrolle zu ergreifen. Es hat sich aus einer allgemeinen Überwachungspflicht der Geschäftsleiter in jüngerer Zeit eine sog. Compliance-Pflicht herausgebildet.[1] Als organisatorische Maßnahme der Unternehmensleitung kommt heute anerkanntermaßen die Einrichtung eines Compliance-Management-Systems in Betracht.[2]

Neben einer zivilrechtlichen Haftungsbegrenzung durch Compliance-Maßnahmen, kann sich nach jüngster strafrechtlicher höchstrichterlichen Rechtsprechung (BGH Urt. v. 9.5.2017 – 1 StR 265/16) die Einrichtung eines Compliance-Management-Systems bußgeldmindernd auswirken.[3]

Die Einrichtung eines Compliance-Management-Systems (CMS) ist jedoch mit erheblichen Ressourcenaufwendungen verbunden. Dem steht hypothetisch der Umfang der haftungsbegrenzenden Wirkung eines CMS gegenüber. Unter anderem daran könnte sich entscheiden, ob für mittelständische Unternehmen die Implementierung eines CMS ein finanziell taugliches Instrument zur Vermeidung von Haftung darstellt: Übersteigen die Kosten der Implementierung eines CMS jene einer möglichen Haftung, erscheint ein aufwendiges System zum Compliance-Management unattraktiv. Hierzu müssten allerdings zunächst die Haftungsrisiken und -konstellationen auf Grundlage möglicher Compliance-Verstöße ausgelotet werden. Es liegt in der Natur der Sache, dass die bisher bekannt gewordenen Haftungsfälle in

---

[1] MüKoGmbHG/Fleischer, 3. Aufl. 2019, GmbHG § 43 Rn. 142
[2] MüKoAktG/Spindler, 5. Aufl. 2019, AktG § 93 Rn. 114
[3] MüKoGmbHG/Fleischer, 3. Aufl. 2019, GmbHG § 43 Rn. 143, 144.

Deutschland vornehmlich börsennotierte Unternehmen betreffen, deren Geschäftsstrukturen einen Komplexitätsgrad haben, der ein CMS unabdingbar macht. Im Kontrast dazu darf angenommen werden, dass mittelständische Unternehmen über vergleichsweise transparente Strukturen verfügen, insbesondere, wenn es sich um die für den Mittelstand typische Rechtsform der GmbH handelt. Im Hinblick auf Compliance-Verpflichtungen sind demnach die Unterschiede zu berücksichtigen, die sich aus dieser Rechtsform und jener der Aktiengesellschaft ergeben.

Der Forschungsstand zum Thema CMS gibt Anlass zu der Vermutung, dass mittelständische Unternehmen im Vergleich zu Großunternehmen eine geringere Bereitschaft zeigen, ein CMS einzurichten. Dabei hätte ein sensibler Umgang mit dem Thema auch für mittelständische Unternehmen durchaus wirtschaftliche Relevanz, wie eine repräsentative Erhebung der Wirtschaftsprüfungsgesellschaft KPMG zur Wirtschaftskriminalität in Deutschland in den Jahren 2011-2012 zeigt: Im Mittelstand waren 24 % von Wirtschaftskriminalität betroffen, während des untersuchten Zeitraums durchschnittlich zweimal pro Jahr das Ziel von wirtschaftskriminellen Handlungen.[4] Reiß & Reker (2011) kommen in ihrer Untersuchung zwar zu dem Ergebnis, dass in 48 % der untersuchten mittelständischen Unternehmen (N = 173) bereits ein Compliance-Management-System existiert und weitere 18 % die Einführung planten.[5] Angaben der Martin et Karczinski GmbH (2013) zufolge verfügten sogar 60 % der mittelständischen Unternehmen über ein institutionalisiertes CMS.[6] Dies könnte auch ein Indiz für die relativ hohe Zahl ermittelter wirtschaftskrimineller Handlungen darstellen – Verstöße gegen die Compliance können nur im Horizont eines Compliance-Management-Systems festgestellt werden.[7] Allerdings stellen Grüninger et al. in ihrer breiter angelegten Übersichtsstudie fest, dass annähernd die Hälfte der in verschiedenen Untersuchungen befragten mittelständischen Unternehmen Befürchtungen vor einer Compliance-Bürokratie hegen, 42 % ein mangelndes Verständnis der Mitarbeiter für Compliance unterstellen und nicht zuletzt die Festlegung von Verantwortlichkeiten Unternehmen als großes Problem (35 %) beschrieben wird, zumal mehr als ein Drittel einen Mangel an Sachkenntnis eingestehen.[8]

---

[4] KPMG AG Wirtschaftsprüfungsgesellschaft, 2012. *Wirtschaftskriminalität in Deutschland 2012 – Eine empirische Studie zur Wirtschaftskriminalität im Mittelstand und in den 100 größten Unternehmen*, S. 11.

[5] Reiß, H., Reker, J., 2011. *Compliance im Mittelstand*, S. 8.

[6] Martin et Karczinski GmbH/Konstanz Institut für Corporate Governance, 2013. *Kommunikationspotenziale in Compliance-Systemen deutscher Unternehmen*.

[7] Wieland, J.; 2010. Die Psychologie der Compliance –Motivation, Wahrnehmung und Legitimation von Wirtschaftskriminalität, in: Wieland, J., Steinmeyer, R., Grüninger, S. (Hrsg.). *Handbuch Compliance-Management*. Berlin: Erich Schmidt Verlag, S. 71.

[8] Grüninger, S., Schöttl, L., Quintus, S., 2014. *Compliance im Mittelstand*. Studie des Center for Business Compliance & Integrity. Konstanz, S. 32f.

Der Kontrast dieser tendenziell uneinheitlichen Ergebnisse gab Anlass zu einer gesonderten, lokalen Untersuchung.

2 Beschreibung der Untersuchung

Als Definition für den Begriff des mittelständischen Unternehmens wurde eine Mitarbeiterzahl 20 bis < 500 gewählt, was dem Lokalbezug (Hamburger Wirtschaft) Rechnung trug. Erfasst werden sollte das Verhalten der Unternehmen mittelständischer Wirtschaft im Raum Hamburg und deren generelle Einstellung zum Themenkomplex Compliance und im Speziellen zu CMS.

In einer quantitativen Befragung unter 130 mittelständischen Unternehmen in Hamburg im Jahr 2014 wurden zu diesem Themenkomplex neun Hypothesen unter besonderer Berücksichtigung der möglichen Ablehnungsgründe getestet.

Ferner galt es zu ermitteln, ob und wie Impulse zur Implementierung eines CMS seitens der Geschäftspartner, Wettbewerber und/oder Berater existierten. Außerdem wurde versucht abzubilden, ob Mittelständler, die mit großen (ggf. börsennotierten) Unternehmen zusammenarbeiten, durch deren existierendes CMS angeregt wurden, sich stärker mit diesem Themenkomplex zu befassen. Im Falle von Unternehmen, die bereits über ein CMS verfügten, galt es zu ermitteln, ob darüber hinaus ein Zertifikat erworben wurde, um das eigene CMS von anderer Stelle bewerten und dokumentieren zu lassen. Abschließend war zu erfragen, ob mittelständische Unternehmen über einen formulierten Verhaltenskodex bzw. ein nachvollziehbar niedergelegtes Unternehmensleitbild verfügen.

3 Beschreibung der Hypothesen

1. Hypothese: Kosten-Nutzen Bedenken

> „Unternehmen der mittelständischen Wirtschaft, die kein Compliance- Management-System implementieren wollen, geben als ihre Bedenken an, dass die Kosten- und Nutzenrelation für sie in keinem akzeptablen Verhältnis steht."

2. Hypothese: Ablehnung CMS, weil Regelkonformität schon vorhanden

> „Wenn Unternehmen der mittelständischen Wirtschaft einschätzen, ob sie ein Compliance-Management-System einrichten sollen, wird häufig als Ablehnungsgrund genannt, dass ein regelkonformes Verhalten ausreichend sei. Sie sind der Ansicht, dass sie kein Compliance-Management-System benötigen, wenn sie alle erforderlichen Gesetze und Regeln einhalten. Eine ständige Überwachung der Mitarbeiter halten sie dabei für nicht notwendig. Einige Unternehmen sind u. a. der Ansicht, dass es genüge, Regeltreue anderweitig sicherzustellen."

3. Hypothese: Compliance-Beauftragter

„Unternehmen haben jemanden mit der Einhaltung von Regeln beauftragt. Dies ist auch dann der Fall, wenn die Einrichtung eines Compliance- Management-Systems abgelehnt wird.“

4. Hypothese: Relevanz

„Wenn mittelständische Unternehmen einschätzen, ob Compliance für ihr Unternehmen relevant ist, wird das Thema von vielen Unternehmen als relevant oder sehr relevant eingeschätzt. Darüber hinaus können die Unternehmen differenzieren, in welchem Geschäftsbereich des Unternehmens – Geschäftsführung, Marketing, Personal, Buchhaltung, Controlling, Vertrieb, Produktion, Einkauf – dies mehr oder weniger der Fall ist. Ergänzend dazu können die Unternehmen einen Informationsbedarf ebenfalls differenziert einschätzen.“

5. Hypothese: Auslandsgeschäftstätigkeiten

„Selbst die Unternehmen der mittelständischen Wirtschaft, die in ihren Hauptgeschäftstätigkeiten von ausländischen Auftraggebern oder Kunden bestimmt werden, haben häufig kein Compliance-Management-System eingerichtet. Dies ist sogar dann der Fall, wenn solche Hauptgeschäftstätigkeiten in den USA angesiedelt sind.“

6. Hypothese: Zulieferer

„Häufig lehnen sogar Zulieferer größerer oder börsennotierter Unternehmen die Einrichtung eines Compliance-Management-Systems ab.“

7. Hypothese: Gefahrenabwehr und Wettbewerbsvorteil

„Wenn mittelständische Unternehmen auf Compliance-Management- Systeme angesprochen werden – beispielsweise von Geschäftspartnern, Wettbewerbern, Wirtschaftsprüfern, Steuer- oder Rechtsberatern oder Verbänden –, steht dabei eine Abwehr von Gefahren gegenüber dem Aufzeigen von Wettbewerbsvorteilen deutlich im Vordergrund. Dabei sehen die Berater und Geschäftspartner sogar bei den Zulieferern größerer oder börsennotierter Unternehmen deutlich seltener einen Wettbewerbsvorteil als eine Gefahrenabwehr.“

8. Hypothese: Zertifikat

„Nur wenige Unternehmen der mittelständischen Wirtschaft haben ein sogenanntes Zertifikat erworben. Es würden mehr Unternehmen eine Zertifizierung in Betracht ziehen, wenn sie den Aufwand abschätzen könnten.“

9. Hypothese: Verhaltenskodex oder Unternehmensleitbild

> „Nur wenige Unternehmen der mittelständischen Wirtschaft arbeiten mit einem Verhaltenskodex oder Unternehmensleitbild. Die meisten sind der Ansicht, dass dies nicht notwendig sei, sondern dass es genüge, wenn sie ihre Mitarbeiter so auswählen, dass das Einhalten solcher Vorgaben selbstverständlich sei."

Im Folgenden werden ablehnende Haltungen gegenüber CMS und insbesondere die Ergebnisse der Überprüfung der Hypothesen 1 und 2 dargestellt und erläutert.

4 Methode

Es kam ein Selbstausfüllerfragebogen mit 13 teils geschlossenen (unter Anwendung einer fünfstufigen, endpunktverbalisierten Likert-Skala), teils offenen Fragen auf Basis der neun Hypothesen zum Einsatz. Die Fragen 1-3 bezogen sich auf die Rechtsform, Branche und Größe (Mitarbeiterzahl und Umsatz p. a.); nachfolgend behandelten die Fragen 4–6 das allgemeine Unternehmensinteresse, potenzielle Ablehnungsgründe eines CMS, relevante Geschäftsbereiche und den Informationsbedarf zum Themenkomplex Compliance. Frage 7 handelte davon, wer aus welchem Grund das jeweilige Unternehmen bereits auf CMS angesprochen hatte. Dezidierte Ablehnungsgründe wurden in Frage 8 thematisiert. Frage 9 ermittelte, ob und wer im Unternehmen die Einhaltung von Regeln überprüft. Die geschilderte Frage nach Compliance-Zertifikaten war Gegenstand der Frage 10. In Frage 11 wurde die Bedeutung von ausländischen Auftraggebern und Kunden für die Hauptgeschäftstätigkeit nach Weltregionen differenziert. Die angesprochene Rückwirkung existierender CMS bei Geschäftspartnern auf das mittelständische Unternehmen wurde in Frage 12 behandelt. Abschließend wurde in Frage 13 das Thema Verhaltenskodex und Unternehmensleitbild überprüft.

5 Stichprobe

In Kooperation mit der Handelskammer Hamburg wurden 3 215 geeignete mittelständische Unternehmen (Stand 2014) gemäß Definition identifiziert und per Briefpost zum Zwecke des wissenschaftlichen Projekts verständigt, ergänzt um ein Anschreiben des Leiters des Geschäftsbereichs *Recht und FairPlay* der Handelskammer Hamburg. Der Rücklauf belief sich auf 130 verwertbare Fragebogen.

6 Ergebnisse

Die Rechtsform dieser Befragungsteilnehmer wurde angegeben als:

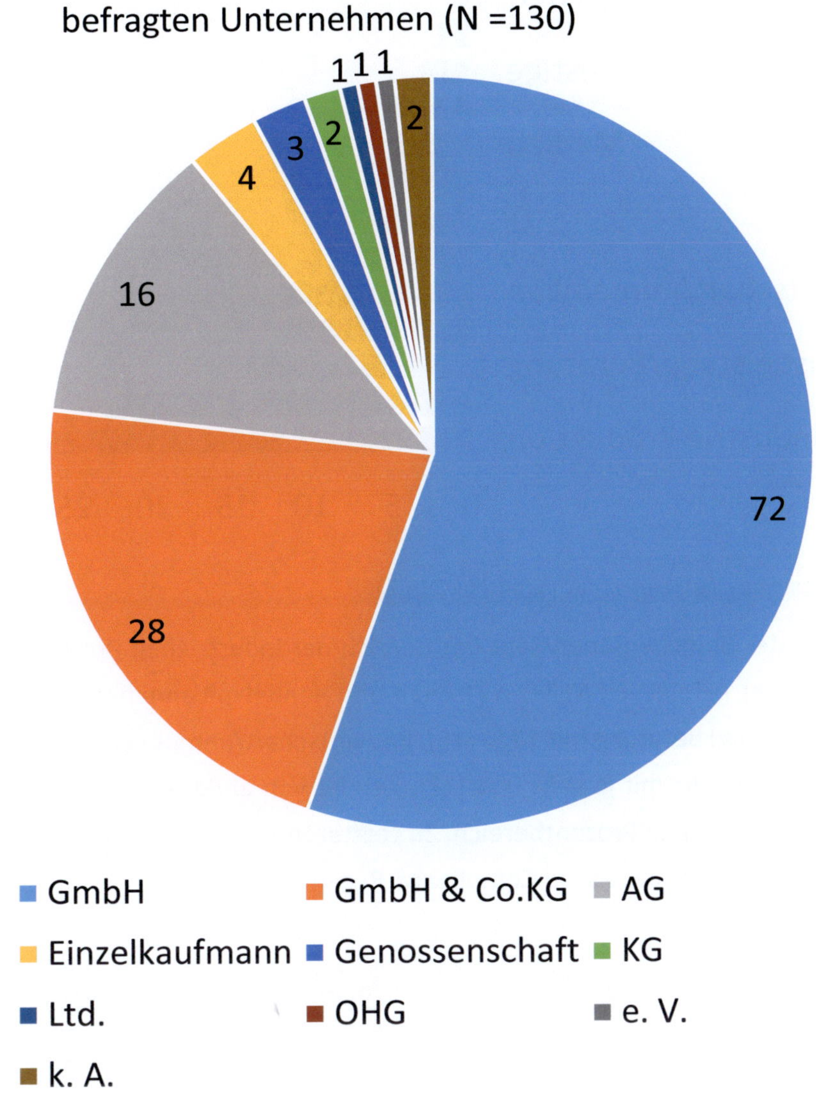

Abb. 1 Absolute Verteilung der Rechtsformen der befragten Unternehmen (N = 130)

Mit über 55 % (72) und großem Abstand ist die GmbH unter den befragten Unternehmen am meisten vertreten, gefolgt von der GmbH & Co. KG mit einem Anteil von knapp 22 % (28). Aktiengesellschaften sind mit gut 12 % beteiligt (16), die restlichen Unternehmen verteilen sich auf die übrigen Rechtsformen.

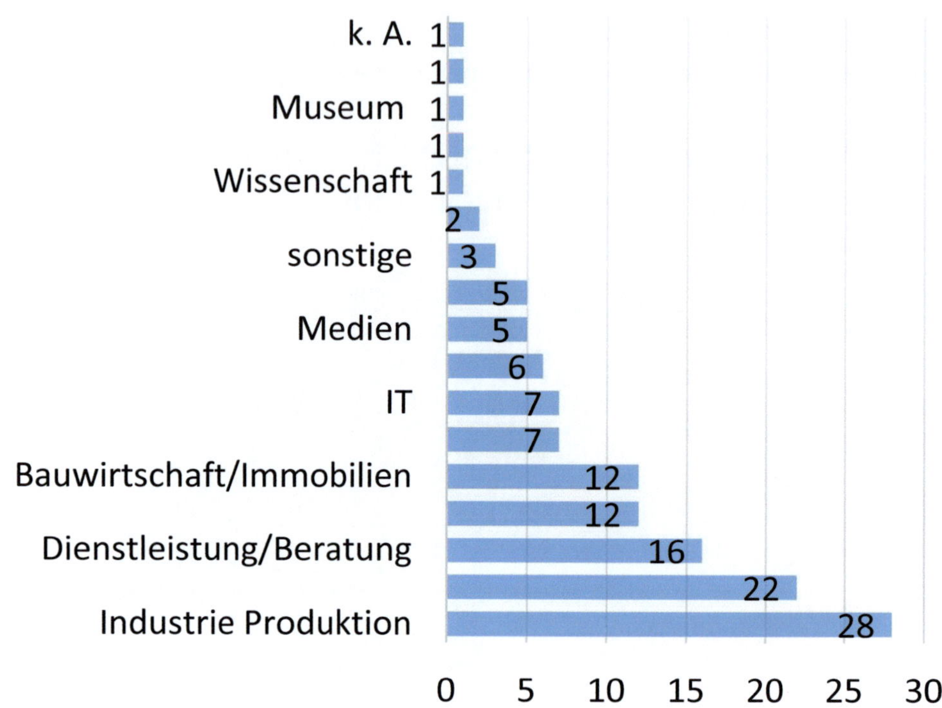

Abb. 2 Unternehmen differenziert nach Branchen (N = 130)

Hinsichtlich der Branchen überwiegt der Bereich der industriellen Produktion mit knapp 22 % (28), gefolgt von Außenwirtschaft und Handel mit annähernd 17 % (22), Dienstleistung und Beratung mit 12 % (16), Bauwirtschaft/Immobilien sowie Transport/Logistik/Verkehr mit jeweils 9 % (12), gefolgt von anderen Branchen im abnehmenden einstelligen Prozentbereich. Zu Letzteren zählen auch Versicherungen und Finanzen, für die spezifische Compliance-Regeln gelten (5 %).

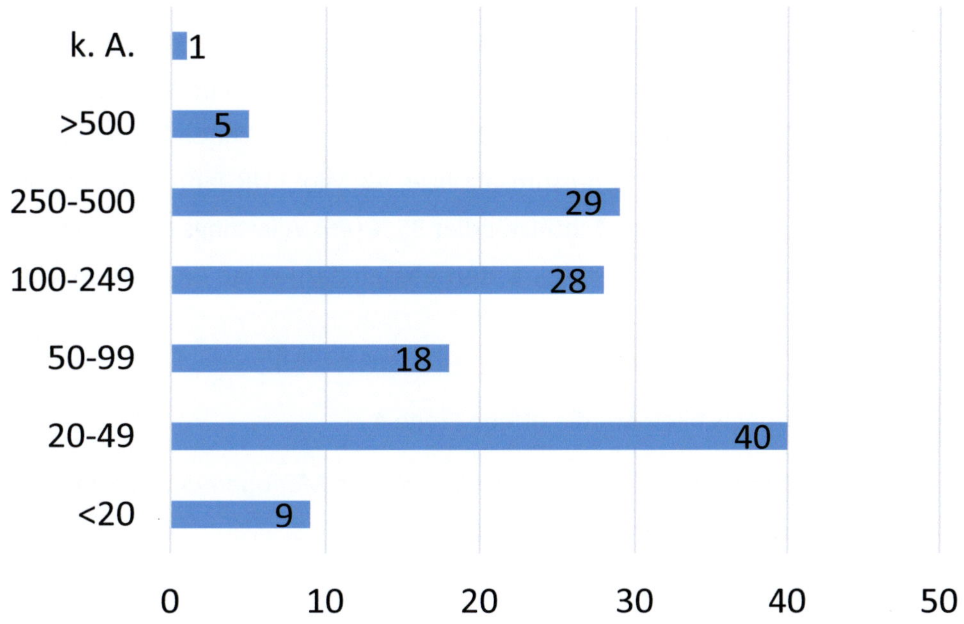

Abb. 3 Mitarbeiterzahl der Unternehmen (N = 130)

Mit Blick auf die Unternehmensgröße lag der Rücklauf mit dem größten Anteil von 40 in der Kategorie 20-49 Mitarbeiter (knapp 31 %). Da sich beim Rücklauf zeigte, dass 5 (knapp 4 %) der teilnehmenden mittelständischen Unternehmen über 500 Mitarbeiter beschäftigen, ergibt sich in dieser Perspektive eine leichte Unschärfe.

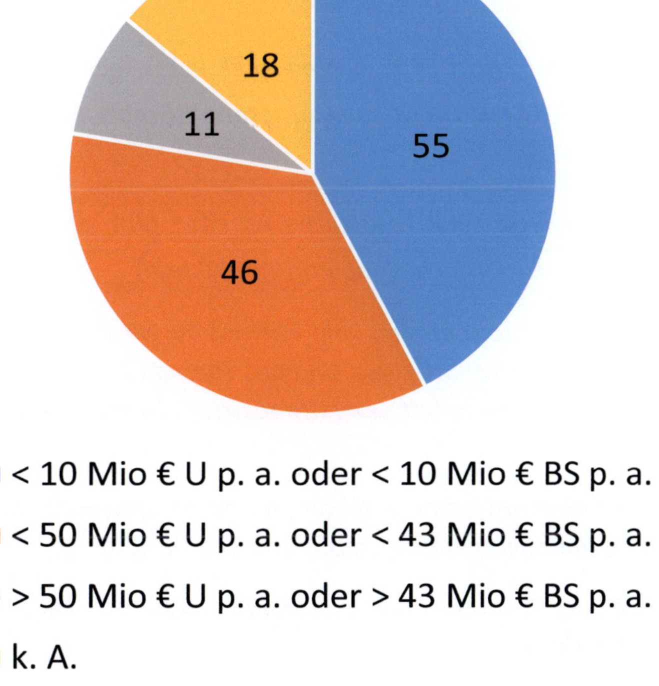

Abb. 4 Verteilung nach Umsatz p. a. bzw. Bilanzsumme p. a. (N = 130)

Als weiteres strukturelles Differenzierungsmerkmal wurde um die Einstufung in eine der Umsatz- bzw. Bilanzsummenkategorien gebeten. Hier zeigt sich, dass der überwiegende Teil (42 %) der mittelständischen Unternehmen im Vorjahr der Befragung unter 10 Mio. EUR Umsatz bzw. Bilanzsumme verzeichnen konnte. Im Bereich von unter 50 Mio. EUR Jahresumsatz bzw. 43 Mio. EUR Jahresbilanzsumme betrug der Anteil der Befragten Mittelständler 35 % (46). Allerdings ergab sich auch hier eine Unschärfe, da rund 14 % der Unternehmen dazu keine Angaben machte.

7 Gründe für die Skepsis gegenüber CMS

Von der Antwortmöglichkeit auf die offene Frage 4

> *„Wenn Sie unentschieden sind, ein Compliance-Management-System einzurichten, was trägt zur Unentschiedenheit bei?"*

wurde von vielen Unternehmen Gebrauch gemacht; als typische Aussagen können die Folgenden gelten:

> *„Wieder neue Bürokratie ohne Effekte. Die Menschen ändern sich nicht! Welcher mittelständische/kleine Betrieb kann alle Vorschriften und Gesetze tatsächlich mit Leben erfüllen? (Betriebsverfassungsgesetz, Arbeitsstättenverordnung usw. usw.) Wenn wir uns nur damit beschäftigen würden, wären wir längst pleite!! Welchen Wert ‚Compliance' (warum kein deutsches Wort dafür?) hat, sieht man ja an Skandalen in Konzernen und Politik!" (Unternehmen ohne Angabe zur Rechtsform, Branche Bauwirtschaft und Immobilien)*

> *„Zweifel an der Effektivität, Kostenaspekte, mangelnde zeitliche Kapazitäten, um für effektive Umsetzung zu sorgen" (GmbH, Branche Bauwirtschaft und Immobilien)*

> *„Weil es dauernd neue zusätzliche Arbeiten gibt, die nichts einbringen!" (GmbH & Co. KG, Branche Industrie/Produktion)*

> *„Ist für unser Unternehmen kein Thema, da wir überwiegend mit Mittelständlern (Inhabern) arbeiten. Und das Thema Compliance wird durch Politik, Presse etc. komplett überstrapaziert." (GmbH, Branche Außenwirtschaft/ Handel)*

> *„enormer administrativer Aufwand für ein mittelständisches Unternehmen wie wir – unangemessen" (GmbH, Branche Design)*

> *„Mangelnde Kenntnis über vorhandene Systeme" (AG, Branche Industrie/Produktion)*

> *„Einerseits der Wunsch nach Verfahrenssicherheit und dem Gefühl, das Notwendige getan zu haben, andererseits die Selbstsicherheit ohnehin auf dem*

richtigen Weg zu sein und nicht überflüssigen Aufwand betreiben zu wollen" (GmbH, Branche Dienstleistung/Beratung)

„Priorisierung anderer Themen, Kosten-Nutzen-Verhältnis" (AG, Branche IT)

„Ich weiß gar nicht, was dieses Kunstwort alles umfasst" (GmbH & Co. KG, Branche Logistik)

„Unwissenheit" (GmbH, Branche Sicherheitsdienst)

„Anfallende Kosten, entstehender Bürokratieaufwand" (GmbH & Co. KG, Branche Logistik)

Zur Quantifizierung der Gründe für die Skepsis eines CMS wurden folgende Interpretationsregeln zugrunde gelegt:

- Unternehmen antworten, dass alle Regeln und Gesetze eingehalten werden und daher kein System benötigt wird.
- Unternehmen antworten, dass sie die Regeltreue der Mitarbeiter anderweitig sichern.
- Unternehmen geben zur offenen Frage an, zur Einrichtung eines CMS unentschieden zu sein.

Differenziert nach drei Kategorien ergibt sich daraus das folgende Bild:

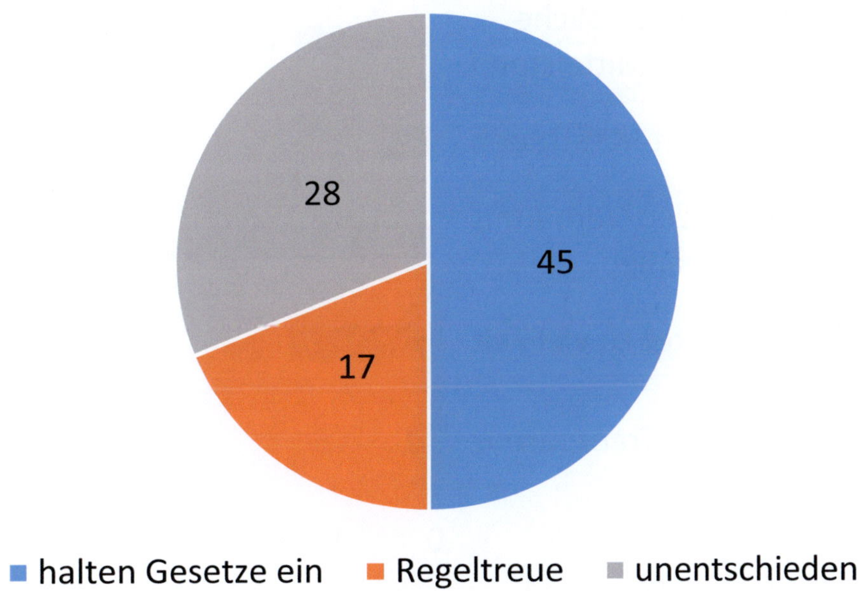

Abb. 5 Gründe für Skepsis gegenüber der Einführung eines CMS (N = 90)

Es ist hierbei allerdings anzumerken, dass unter den Unternehmen, die eine ablehnende Haltung geäußert haben, sich dennoch solche befinden, die ein CMS eingerichtet haben. Die weitergehende Analyse ergab, dass knapp die Hälfte der 130 Unternehmen die Einrichtung eines CMS ablehnt.

8 Kosten-Nutzen-Bedenken gegenüber CMS (Hypothese 1)

Hypothese 1 würde in der geschlossenen Frage 8 überprüft, die Antwortmöglichkeiten lauteten:

1. *„Schafft zu viel Transparenz"*
2. *„Kostet zu viel Zeit"*
3. *„Kosten/Nutzen stehen in keinem akzeptablen Verhältnis"*
4. *„Schafft Misstrauen unter den Mitarbeitern"*
5. *„Es gibt zu wenig verbindliche Regelung für den Mittelstand"*

Zusätzlich wurde eine offene Antwortmöglichkeit eingeräumt und in der Auswertung unter *Sonstiges* zusammengeführt. Knapp die Hälfte der Unternehmen hat auf diese Frage geantwortet:

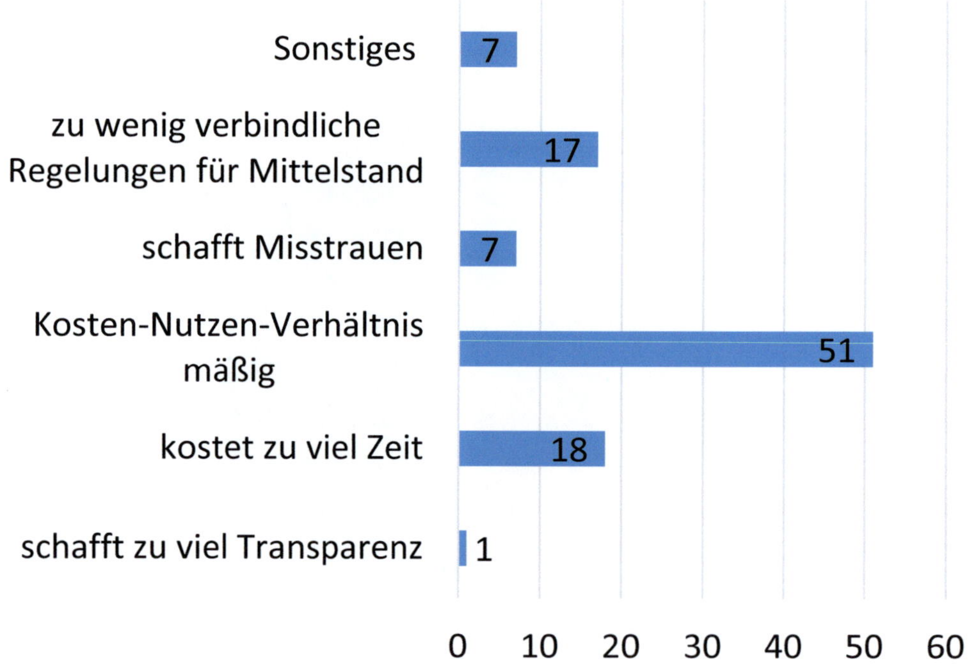

Abb. 6 Bedenken der Unternehmen gegen eine CMS-Implementierung (N = 63)

Zumindest für 81 % der Unternehmen, die auf Frage 8 geantwortet haben (N = 63, knapp 49 %), steht das Kosten-Nutzen-Verhältnis im Vordergrund – wie in Hypothese 1 unterstellt.

9 Regelkonformes Verhalten als Ersatz für Compliance (Hypothese 2)

Hypothese 2 wurde in der halb offenen Frage 4 unter Einräumung einer zusätzlichen offenen Antwortmöglichkeit getestet. Folgende Antwortmöglichkeiten wurden vorgegeben:

> 1. *„Wir halten alle erforderlichen Gesetze und Regeln ein und benötigen daher kein System. Eine ständige Überwachung unserer Mitarbeiter halten wir nicht für notwendig."*
>
> 2. *„Wir stellen die Regeltreue unserer Mitarbeiter anderweitig sicher, indem wir..."*

Die Fragestellung zur offenen Angabe von Gründen lautete:

> *„Wenn Sie unentschieden sind, ein Compliance-Management-System einzurichten, was trägt zur Unentschiedenheit bei?"*

In der Analyse der Antworten auf Frage 4 wurde sowohl nach Begründungen wie nach der Rechtsform der Unternehmen unterschieden, womit sich das folgende Bild ergab:

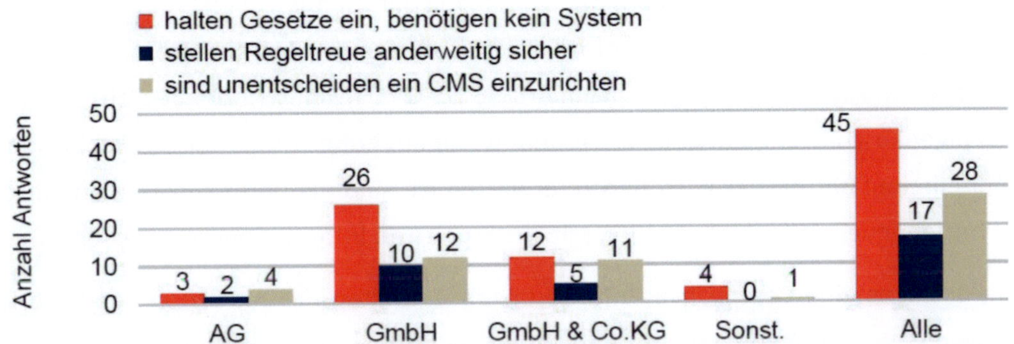

Abb. 7 Ablehnungsgründe eines CMS differenziert nach Begründungen und Rechtsform des Unternehmens (Mehrfachantworten möglich)

Zum einen zeigte sich hierbei, dass die Skepsis der Unternehmen gegenüber einem CMS mehrheitlich in der Auffassung begründet liegt, dass alle erforderlichen Gesetze und Regeln eingehalten werden und daher kein CMS benötigt werde; zum anderen hat diese spezifische Begründung besonders für die Rechtsform der GmbH Geltung, wie es in der Zusammenzählung aller Rechtsformen die übergeordnete Tendenz ist.

10 Die Notwendigkeit von CMS im Horizont der DS-GVO

Die Ablauforganisation der Datenschutzprozesse gemäß der EU-weiten Datenschutz-Grundverordnung (DS-GVO) legt es nahe, auch neben den ohnehin bestehenden Dokumentationspflichten eine Organisation der Datenschutzstrukturen einzuführen. Dokumentationspflichten ergeben sich u. a. aus Art. 30 DS-GVO, der ein Verzeichnis von Verarbeitungstätigkeiten erforderlich macht und die genauen Angaben dazu auflistet. Es bietet sich geradezu an, eine Standardisierung der Abläufe zugrunde zu legen, die zwar unternehmensindividuell ausgestaltet sein kann, jedoch sämtliche Schritte der Verarbeitungstätigkeiten wiederkehrend zu enthalten hat.

Die Verantwortlichen müssen gemäß Art. 5 Abs. 2 i. V. m. Art. 58 DS-GVO jederzeit gegenüber der Aufsichtsbehörde als eine sogenannte „Rechenschaftspflicht" die Einhaltung der Grundsätze für die Verarbeitung personenbezogener Daten nachweisen können. Die Datenverarbeitung muss nicht nur nachweisbar rechtmäßig i. S. v. Art. 6 DS-GVO sein, sondern auch gemäß Art. 24, 32 DS-GVO eine Sicherheit der Verarbeitung in der Umsetzung technischer und organisatorischer Maßnahmen gewährleisten. Es ist in die Sorgfalt des ordentlichen und gewissenhaften Geschäftsleiters i. S. d. §§ 93 AktG und 43 GmbHG einzubeziehen, dass geeignete Maßnahmen ergriffen werden, die eine Regelkonformität sicherstellen sollen. Aus Art. 12 DS-GVO ergeben sich Anforderungen an eine transparente Information und Kommunikation. Sollte sogar eine in Art. 35 DS-GVO festgeschriebene Datenschutz-Folgenabschätzung notwendig werden, wenn ein hohes Risiko für die Rechte und Freiheiten natürlicher Personen zu erwarten ist, sind die unter Umständen einzubeziehenden Aufsichtsbehörden mit strukturierten Informationen zu versehen.

Für allgemeine Compliance-Anforderungen enthalten das AktG und das GmbHG wenige konkrete Vorgaben zur Einhaltung der dort geforderten Sorgfaltspflicht. Mit der Notwendigkeit, die Vorgaben der DS-GVO einzuhalten, wird dieser Maßnahmenkatalog nun sehr detailliert vorgegeben.

11 Fazit

Die Untersuchung verfolgte u. a. das Ziel, die Gründe für die Skepsis oder Ablehnung eines Compliance-Management-Systems (CMS) näher zu untersuchen. Wo ein CMS abgelehnt wird, herrscht die Auffassung vor, dass die praktizierte Einhaltung von Gesetzen und Regeln ausreiche oder anderweitige Sicherstellungen von Regeltreue ein CMS obsolet machen. Zudem ist für die Mehrzahl der Unternehmen nicht ersichtlich, ob der Nutzen der Einführung eines CMS die dafür anfallenden Kosten tatsächlich übersteigt.

Zwar ist Compliance durchaus in ihrer Relevanz von den meisten Unternehmen erkannt und ist auch im Austausch mit Geschäftspartnern, Wettbewerbern, Beratern oder Verbänden ein Thema, insbesondere unter dem Aspekt der Gefahrenabwehr. Doch zusammenfassend kann festgestellt werden, dass die meisten der befragten Hamburger mittelständischen Unternehmen sich mit ihren bestehenden Verfahrensweisen gewappnet sehen. Gesetzes- und Regeltreue wird durchaus ernst genommen, jedoch nicht zwingend mit der Einrichtung eines CMS verbunden. Pointiert ließe sich sagen, dass die Auffassung vorherrscht, im Grunde Compliance durchaus zu praktizieren – nur auf die Implementierung eines CMS verzichten zu können.

Nachdem die DS-GVO seit dem 25.05.2018 auch in Deutschland anzuwendendes Recht ist, sind neue Anforderungen an das Management datenschutzkonformer Anwendung zu berücksichtigen. Es bleibt abzuwarten, ob damit eine Veränderung der Akzeptanz von Compliance-Management-Systeme einhergehen wird. Die Anzahl der Compliance-Zertifizierungen durch die Handelskammer Hamburg hat sich jedenfalls seit 2014 nicht wesentlich geändert und ist auch seit 2018 noch nicht vermehrt angenommen worden. Daher ist davon auszugehen, dass zum heutigen Zeitpunkt noch keine Veränderung zu der oben dargestellten Erhebung erfolgt ist.

Literatur:

Fleischer, Holger in: Münchener Kommentar zum GmbHG zu § 43 GmbHG, Rn. , 3. Auflage 2019, München

Grüninger, S., Schöttl, L., Quintus, S., 2014. *Compliance im Mittelstand.* Studie des Center for Business Compliance & Integrity. Konstanz. Online: https://opus.htwg-konstanz.de/frontdoor/deliver/index/docId/859/file/CBCI_Studie_Compliance_im_Mittelstand.pdf (23.12.2017)

KPMG AG Wirtschaftsprüfungsgesellschaft, 2012. *Wirtschaftskriminalität in Deutschland 2012 – Eine empirische Studie zur Wirtschaftskriminalität im Mittelstand und in den 100 größten Unternehmen.* Online: http:// www.kpmg.de/media/Studie_Wirtschaftskriminalitaet.pdf

KPMG AG Wirtschaftsprüfungsgesellschaft, 2013. *Analyse des aktuellen Stands der Ausgestaltung von Compliance Management-Systemen in deutschen Unternehmen.* Online: http://www.kpmg.com/DE/de/Documents/studie-compliance-2013-KPMG.pdf

Martin et Karczinski GmbH/Konstanz Institut für Corporate Governance, 2013. *Kommunikationspotenziale in Compliance-Systemen deutscher Unternehmen.* Online: http://www.htwg-konstanz.de/ Studie-Compliance-Kommunikatio.6650.0.html

Reiß, H., Reker, J., 2011. *Compliance im Mittelstand.* Online: http://www2.deloitte.com/content/dam/Deloitte/de/Documents/Mittelstand/ Studie-Compliance-im-Mittelstand.pdf

Spindler, G., 2019. *Münchener Kommentar zum Aktiengesetz.* Bd.2 zu § 93 AktG, 5. Aufl. München.

Wieland, J.; 2010. Die Psychologie der Compliance –Motivation, Wahrnehmung und Legitimation von Wirtschaftskriminalität, in: Wieland, J., Steinmeyer, R., Grüninger, S. (Hrsg.). *Handbuch Compliance-Management.* Berlin: Erich Schmidt Verlag, S. 71-88.